总主编 刘 旭 王力荣

ZHONGGUO GUOSHU
ZHONGZHIZIYUAN DUOYANGXING——LONGYAN

中国果树种质资源多样性 龙眼

郑少泉 等 著

中国农业科学技术出版社

图书在版编目（CIP）数据

中国果树种质资源多样性. 龙眼 / 刘旭，王力荣主编；郑少泉，等著. --北京：中国农业科学技术出版社，2024.6
ISBN 978-7-5116-6134-0

Ⅰ.①中… Ⅱ.①刘…②王…③郑… Ⅲ.①龙眼－种质资源－多样性－研究－中国 Ⅳ.①S660.24

中国版本图书馆CIP数据核字（2022）第250860号

责任编辑　朱　绯
责任校对　马广洋
责任印制　姜义伟　王思文

出 版 者	中国农业科学技术出版社 北京市中关村南大街12号　邮编：100081
电　　话	（010）82109707（编辑室）　（010）82106624（发行部） （010）82109709（读者服务部）
网　　址	https：// castp.caas.cn
经 销 者	各地新华书店
印 刷 者	中煤（北京）印务有限公司
开　　本	210 mm×285 mm　1/16
印　　张	8.75
字　　数	92千字
版　　次	2024年6月第1版　2024年6月第1次印刷
定　　价	75.00元

◆版权所有·侵权必究◆

《中国果树种质资源多样性》

总编辑委员会

总 主 编　刘　旭　王力荣

总 编 委（以姓氏笔画为序）

　　　　王力荣　王仁梓　王永康　刘　旭　刘庆忠
　　　　刘威生　刘崇怀　齐秀娟　江　东　李　明
　　　　李登科　杨　勇　宋宏伟　张冰冰　陈洁珍
　　　　郑少泉　赵密珍　高　源　高志红　黄秉智
　　　　黄颖宏　曹玉芬　曹尚银　龚　鹏　董文轩

总 审 校　王力荣

编写委员会办公室

顾　　问　曹永生

主　　任　王力荣

秘　　书　谢景梅

成　　员（以姓氏笔画为序）

　　　　于巧丽　王瑞丹　方　泂　卢　凡　庄　严
　　　　崔改泵

《中国果树种质资源多样性》

出版委员会

主　　任　　沈银书

副 主 任　　崔改泵　白姗姗

成　　员（以姓氏笔画为序）

于建慧　马维玲　王惟萍　申　艳　田　静
朱　绯　刘　建　刘秀霞　李　华　李　娜
张志花　张诗瑶　金　迪　周　朋　周伟平
周丽丽　施睿佳　姜义伟　姚　欢　贺可香
倪小勋　高　鋆

《中国果树种质资源多样性——龙眼》

著者名单

主　　著　郑少泉

副 主 著　陈秀萍　邓朝军　胡文舜

著　　者　郑少泉　陈秀萍　邓朝军　胡文舜
　　　　　姜　帆　许奇志　蒋际谋　张雅玲

审　　校　王力荣

总前言

中国果树栽培面积1.9亿多亩，位居世界第一。果树产业在落实大食物观，保障国家食物安全、生态安全、人民健康，助力农民增收中发挥着重要作用。果树种质资源是果树产业科技原始创新和现代种业发展的重要物质基础。中国是果树种质资源大国、世界重要果树的起源中心和多样性富集中心，是公认的"世界园林之母"。世界大宗果树野生近缘种一半以上起源于中国，主要果树栽培树种三分之一起源于中国。中国已设立了23个国家级果树种质资源圃，保存种质资源3万余份，位居世界前列。

遗传多样性是种质资源保护、研究和利用的核心，开展种质资源多样性研究是果树事业可持续发展的一项重要工作，有利于果树种质资源创新、保护和共享利用。为深入贯彻习近平总书记关于"种子"的重要指示精神，落实国家《种业振兴行动方案》部署，在党中央"全面推进乡村振兴、加快建设农业强国"战略部署下，在中国农业科学院开展重大科技任务宏观战略研究和推进重大科技任务发展规划要求下，中国农业科学院郑州果树研究所立足理论创新与应用基础研究，组织国内从事果树种质资源研究的专家学者，开展了多种果树种质资源多样性研究，旨在梳理中国果树种质资源物种多样性，明确遗传多样性家底和水平，推进果树种质科技信息资源向国家科技平台汇聚与整合，构建现代果树种业体系，为中国果业高质量发展提供种质资源共享服务。

《中国果树种质资源多样性》丛书是阶段性研究成果的集成，是全球首次出版的果树种质资源多样性基础工具书。该系列图书整理、整合、凝练了40余年的果树种质资源科研一手资料，参照国内外相关研究进展，由全国50多家科研单位、300余位科学家整理、编撰、补充，并经过反复论证、修改后形成。第一批共24卷，按照不同果树种类编写，便于查询使用。

本丛书是种质资源基础研究、遗传育种和产业应用的学术著作，主要特点如下：①数据采集历时40多年，主要以国家果树种质资源圃无性繁殖种质为材料，由实践经验丰富和理论水平高、长期从事果树种质资源研究的科学家编撰，权威性高；②数据资料涉及野生近缘种多样性、遗传多样性、生态多样性和种质多样性，其中的野外数据十分珍贵，积累的表型数据量庞大，系统性强；③按照《农作物种质资源技术规范》丛书中果树种质资源描述规范与数据标准进行数据采集，规范性好；④以果树分类学、植物学、生态学、育种学、分子生物学等多学科交叉集成为内核，创新性强；⑤明确了中国20多个主要果树树种的遗传多样性，内容丰富、结构严谨、形式新颖、图片精美，可读性强。

果树种质资源的考察、收集、保护、鉴定、评价等工作得到国家科技资源共享服务平台、国家园艺种质资源库和农业农村部农作物种质资源保护项目的长期支持，得到国家科技基础条件平台中心和农业农村部种业管理司的具体指导，得到中国农业科学院和全国有关科研单位、高等院校及生产部门的大力支持，在此谨致诚挚的感谢！

由于时间紧、任务重，编写经验所限，书中难免有疏漏之处，恳请读者批评指正！

总编辑委员会

前 言

龙眼（*Dimocarpus longan* Lour.）是无患子科（Sapindaceae）龙眼属（*Dimocarpus* Lour.）的多年生常绿乔木，原产于中国南部的云南、广西、海南和越南北部。中国早在2 000多年前就开始种植龙眼，是栽培历史最悠久的国家。龙眼是中国南方的特产名果，中国龙眼种植面积与产量均占世界50%以上，居首位，泰国其次，越南第三。泰国龙眼是从中国引进的，1896年，龙眼传入清迈、曼谷，以后逐步繁殖扩大。19世纪后期，龙眼才传播到欧洲、美洲、非洲、大洋洲的部分亚热带、热带地区。龙眼是龙眼属中唯一广泛栽培的1个种。

在长期的自然和人为选择过程中，龙眼逐步形成了不同的生态类型，在遗传等特性方面也因此具有较大差异。通过化学诱变、人工杂交育种等，育种家们发掘创制了一批具有特异性状的种质，构成了丰富多彩的龙眼种质资源群体。这些龙眼种质资源有些性状各异、差异极其明显。例如：树形、树姿、新梢颜色、叶片形状、叶片大小、小叶排列方式、小叶重叠程度、复叶姿态、小叶着生姿态、复叶主轴颜色等性状均有差别，表现出丰富的遗传多样性。尤其实生选种、人工杂交育种等育种技术的出现，为我国龙眼研究提供了丰富的种质资源，也为世界龙眼现代育种奠定了坚实的物质基础。

目前，国家果树种质福州龙眼枇杷圃已保存龙眼种质资源380多份。福建省农业科学院果树研究所龙眼研究团队，经过40多年的整理、整合、凝练，搜集世界各地不同生态环境的龙眼种质资源，通过多年的鉴定观测，采集大量的图片数据，整理并反复论证修改，形成《中国果树种质资源多样性——龙眼》一书。本书是龙眼种质资源基础性研究的学术著作，系统性强，规范性好，权威性高，内容系统全面、图片丰富多彩、形式新颖直观，针对性、实用性、可读性强。

由于著作者水平有限，错误和疏漏之处在所难免，恳请读者批评指正！

著 者
2023年1月

目 录

1 物种多样性 ·· 1
  1.1 龙荔 [*Dimocarpus confinis* (How et Ho) H. S. Do. (*Pseudonepdelium confine* How et Ho)] ············ 1
  1.2 龙眼 (*Dimocarpus longan* Lour.) ·· 9

2 性状遗传多样性 ·· 14
  2.1 植株 ·· 14
  2.2 枝 ·· 20
  2.3 叶 ·· 22
  2.4 花 ·· 55
  2.5 果 ·· 61
  2.6 种子 ·· 71

3 生态多样性 ·· 75
  3.1 地理分布多样性 ·· 75
  3.2 生态多样性 ·· 76

4 种质资源多样性 ·· 103
  4.1 二造龙眼 ·· 103
  4.2 施冲蒲 ·· 104
  4.3 四季龙眼 ·· 105
  4.4 白核龙眼 ·· 107
  4.5 九月乌 ·· 108

· 1 ·

4.6	凤梨穗	108
4.7	大鼻龙	109
4.8	东壁	109
4.9	福眼	110
4.10	石硖	110
4.11	草铺种	111
4.12	大乌圆	111
4.13	漳浦无核	112
4.14	下河血丝龙眼	113
4.15	荔枝龙眼	114
4.16	骨龙眼	116
4.17	裂叶龙眼	116
4.18	诱蜜龙眼1号	117
4.19	水南1号	118
4.20	宝石1号	119
4.21	翠香	119
4.22	秋香	120
4.23	青壳宝圆	120
4.24	冬宝9号	121
4.25	福圆	122
4.26	立冬本	123
4.27	醇香	123
4.28	冬香	124
4.29	玖龙	124
4.30	储良	125
4.31	苗翘	125

参考文献 126

《中国果树种质资源多样性》丛书分册目录 127

1 物种多样性

龙眼（*Dimocarpus longan* Lour.）是无患子科（Sapindaceae）龙眼属（*Dimocarpus* Lour.）的多年生常绿乔木。龙眼是龙眼属唯一广泛栽培的1个种，原产中国南部的云南、广西、海南和越南北部，在长期的自然和人为选择过程中形成了丰富的种质资源。

1.1 龙荔 [*Dimocarpus confinis*（How et Ho）H. S. Do.（*Pseudonepdelium confine* How et Ho）]

1.1.1 植株

常绿大乔木，高可超过20 m；枝干光滑、灰褐色或黄褐色。

主干光滑

1.1.2 枝

嫩梢呈紫红色，老熟后呈灰褐色或黄褐色，小枝粗壮，有5条明显的沟槽。

枝条

1.1.3 叶

叶连柄长35～50 cm或更长，叶轴圆柱形；小叶4～6对，薄革质，长圆状椭圆形至长圆状披针形，长14～27 cm或更长，两侧常不对称，叶基呈不对称楔形，叶尖渐尖；新叶紫红色，成熟叶片黄绿色至深绿色。

叶

1　物种多样性

叶片多样性

1.1.4 花

雌雄异花，柱头开裂小、"r"形，雄蕊6~7枚、少数5枚或8枚，雄蕊的中下部和柱头的表面均密被茸毛；花瓣无或退化，萼片4~5裂、三角状卵形、革质，花蕾期萼片为绿色、盛开时为淡黄色。

花

1.1.5 果

幼果暗红色、密被茸毛,未成熟果实疣状突起为红色或绿色,成熟果实鸡心形,果皮尖锐刺突密集,红色或黄白色,缝合线明显;果肉乳白色,风味淡甜或清甜;种子椭圆形,红褐色。花期在4—5月,果期在7月。

结果状

1.2 龙眼（*Dimocarpus longan* Lour.）

1.2.1 植株

常绿乔木，树高10～15 m，树皮茶褐色，有纵裂。

植株

1.2.2 枝

幼枝被锈色柔毛。

枝

1.2.3 叶

羽状复叶，互生，小叶2~7对，革质，椭圆形至卵状披针形，长6~10（15）cm，先端短尖或稍钝，基部偏斜，全缘或波浪形，暗绿色，嫩时褐色，叶背面沿中脉和侧脉微被星状茸毛，脉腋常有腺体。

叶片

1.2.4 花

花小，直径4~5 mm，瓦状排列，花瓣5枚，匙形，黄白色，内面有毛，雄蕊6~10枚，柱头2裂，反卷。

雌花

雄花

1.2.5 果

果球形，直径1.5~3.5 cm，果皮黄褐色，粗糙，具有不明显的小疣体。假种皮白色，肉质，内有褐色种子1颗，无胚乳，富含淀粉。

果实

2 性状遗传多样性

2.1 植株

2.1.1 冠形

扁圆形

半圆形

圆头形

椭圆形

披散形

高杯形

2.1.2 主干纵裂

主干纵裂

2.1.3 主干分支高低

低

中

高

2.1.4　主干颜色

灰白色　　　　　　　　　　　　　　　　灰褐色

黄褐色　　　　　　　　　　　黑褐色

2.2 枝

2.2.1 新梢颜色

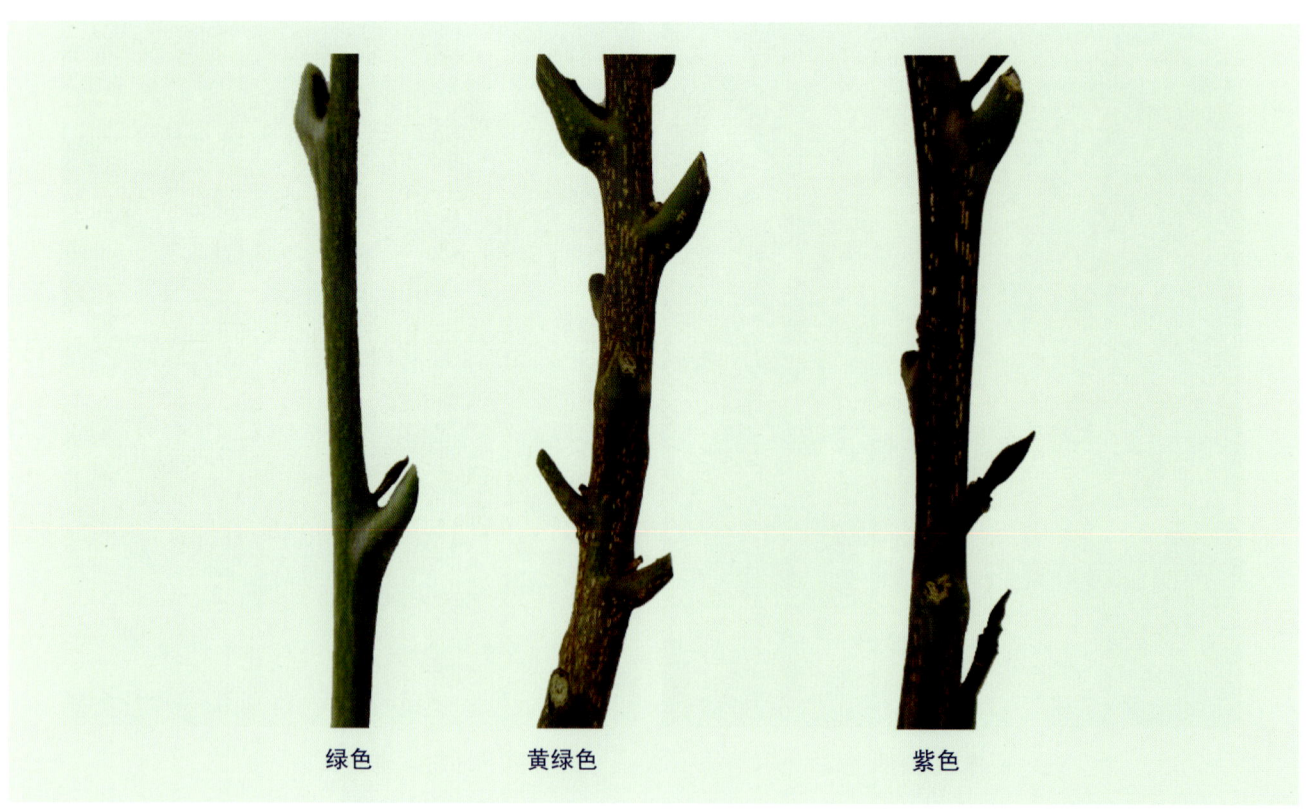

绿色　　　　　　黄绿色　　　　　　紫色

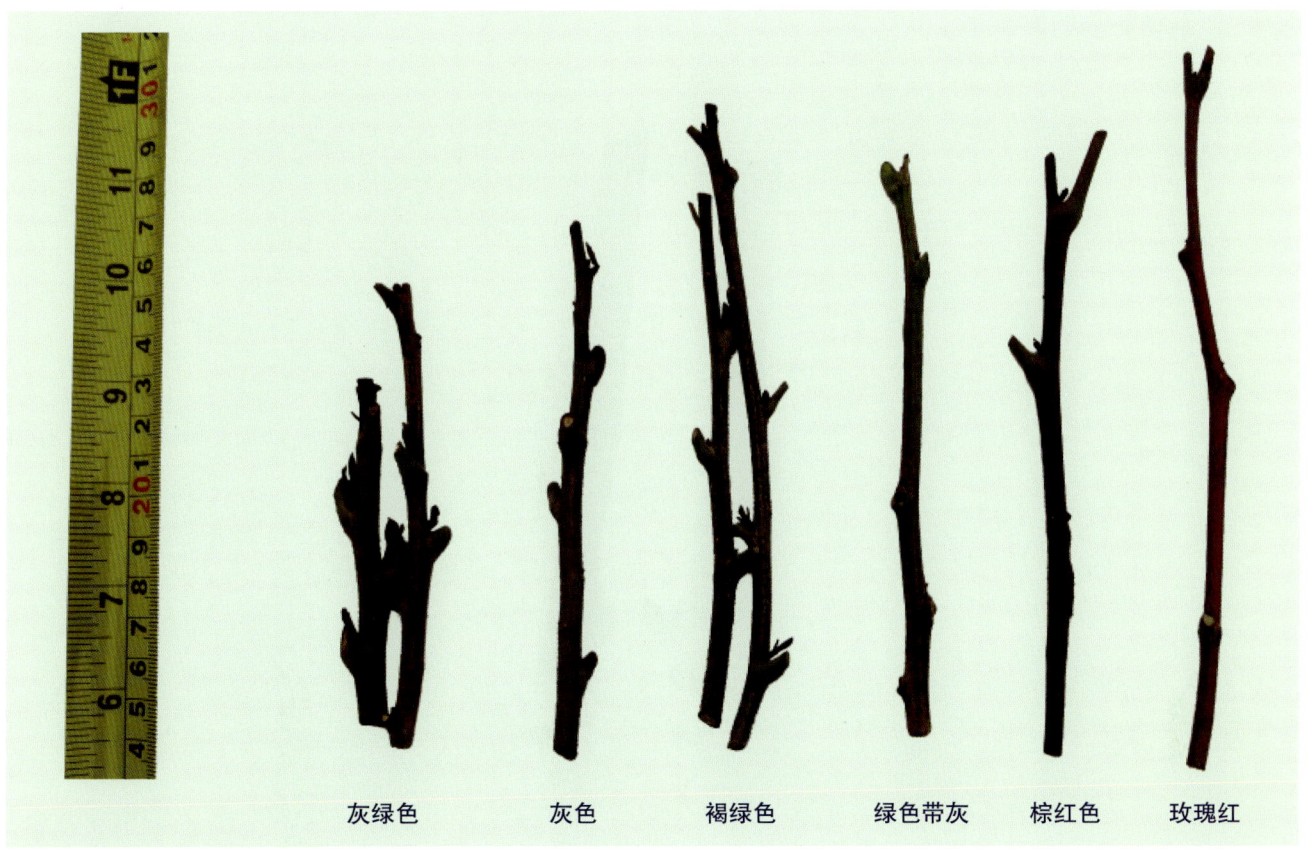

| 灰绿色 | 灰色 | 褐绿色 | 绿色带灰 | 棕红色 | 玫瑰红 |

2.2.2 枝梢颜色

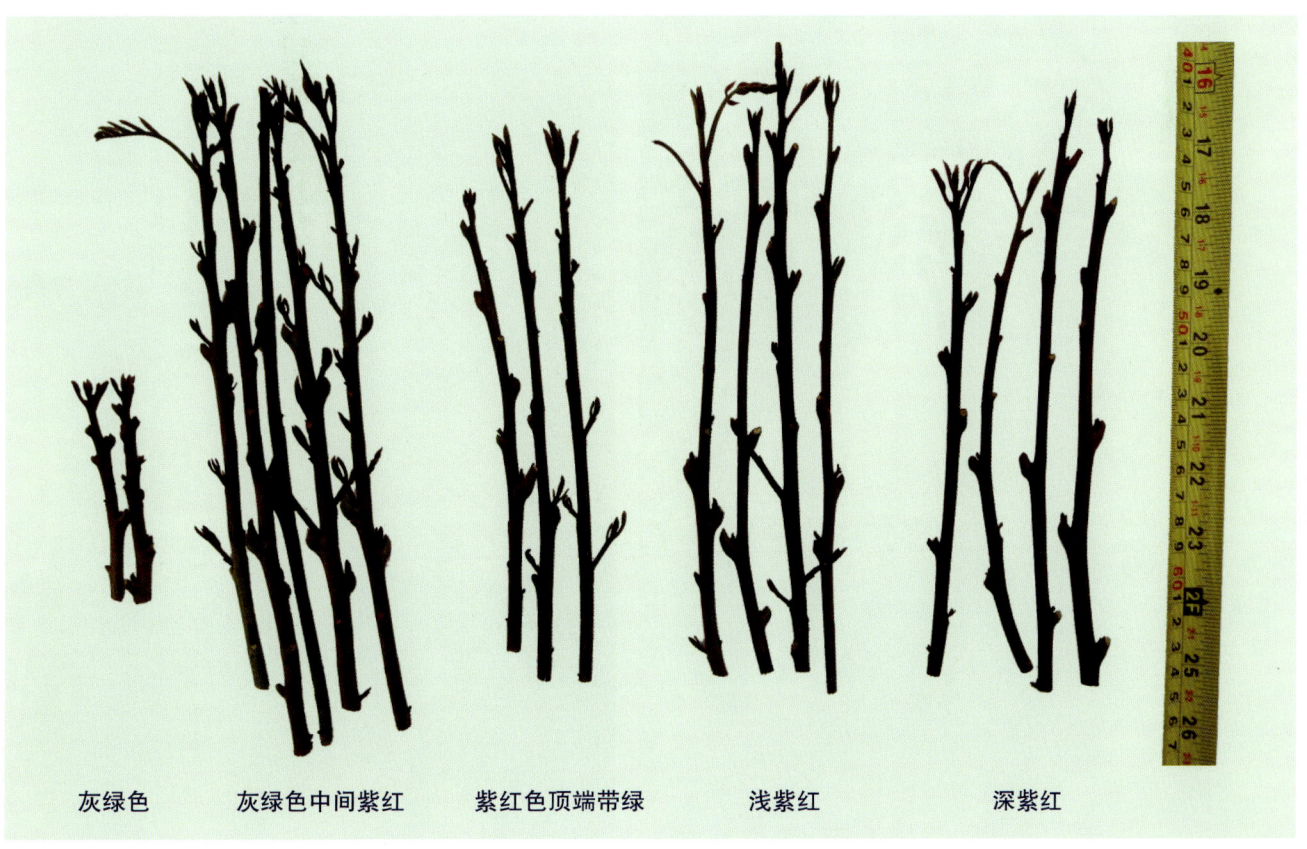

| 灰绿色 | 灰绿色中间紫红 | 紫红色顶端带绿 | 浅紫红 | 深紫红 |

2.2.3 枝梢光滑度

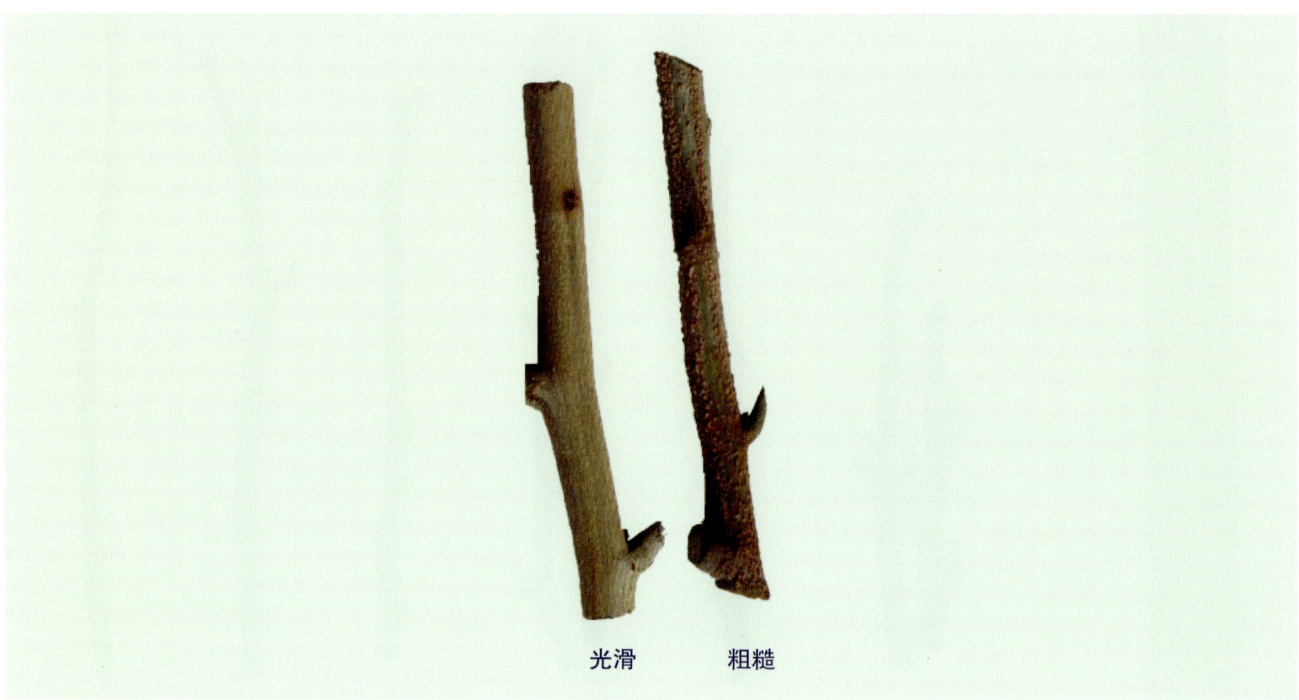

光滑　　粗糙

2.3 叶

2.3.1 小叶排列方式

互生　　　　　　对生

2.3.2 小叶重叠程度

不重叠 　　　　　稍重叠 　　　　　明显重叠

小叶重叠程度（一）

小叶重叠程度（二）

小叶重叠程度（三）

小叶重叠程度（四）

小叶重叠程度（五）

小叶重叠程度（六）

2.3.3 叶片颜色

淡绿色　　　　绿色　　　　浓绿色

叶片颜色

2 性状遗传多样性

新梢叶片颜色（一）

新梢叶片颜色（二）

新梢叶片颜色（三）

复叶颜色

未老熟复叶正面颜色

未老熟复叶背面颜色

2.3.4 叶面光泽

无　　　　　　　较光亮　　　　　　光亮

2.3.5 小叶形状

披针形　　　　　长椭圆形　　　　　卵圆形　　　　　不规则形

小叶形状（一）

小叶形状（二）

2.3.6 叶面形态

平展　　稍隆起

2.3.7 叶尖形状

内凹　　钝尖　　渐尖　　急尖　　长渐尖

叶尖形状

2.3.8 叶基形状

狭楔形　　楔形　　宽楔形　　钝圆形

叶基形状

2.3.9 叶基对称性

不对称　　对称

2.3.10 叶缘形状

叶缘形状（一）

叶缘形状（二）

叶缘波浪状正面

叶缘波浪状背面

叶缘形态

2.3.11 叶脉

不明显　　　较明显

叶脉明显程度

侧脉闭合程度

叶脉颜色

叶脉

2.3.12 叶片大小

叶片大小（一）

叶片大小（二）

2.3.13 小叶对数

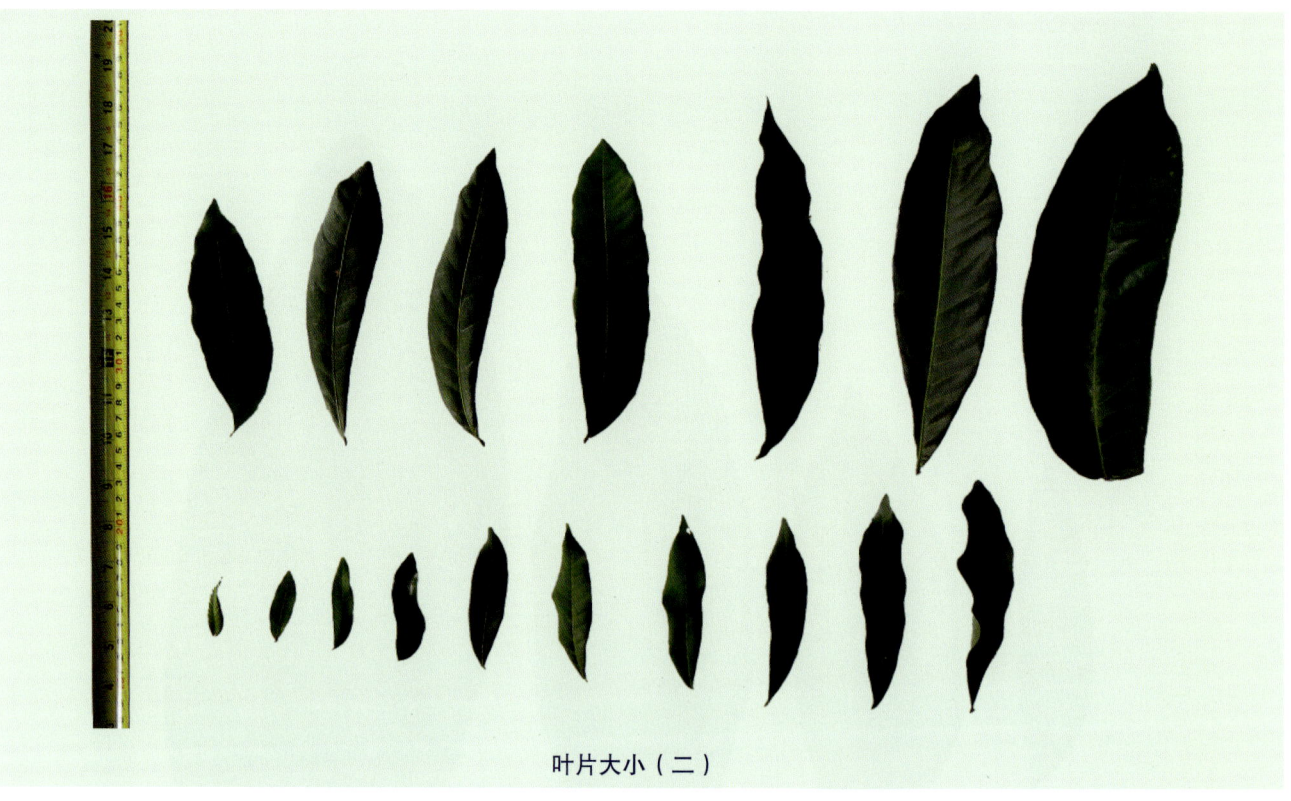

互生小叶对数（1～6对）

对生小叶对数（2~6对）

2.3.14　复叶背面反卷情况

反卷姿态

反卷程度

2.3.15 复叶姿态

复叶正面姿态（一）

复叶正面姿态（二）

复叶正面姿态（三）

复叶正面姿态（四）

复叶正面姿态（五）

复叶正面姿态（六）

复叶正面姿态（七）

2 性状遗传多样性

复叶正面姿态（八）

复叶背面姿态（一）

复叶背面姿态（二）

复叶背面姿态（三）

复叶背面姿态（四）

复叶背面姿态（五）

复叶背面姿态（六）

复叶背面姿态（七）

复叶背面姿态（八）

2.3.16 小叶着生姿态

小叶着生姿态（一）

小叶着生姿态（二）

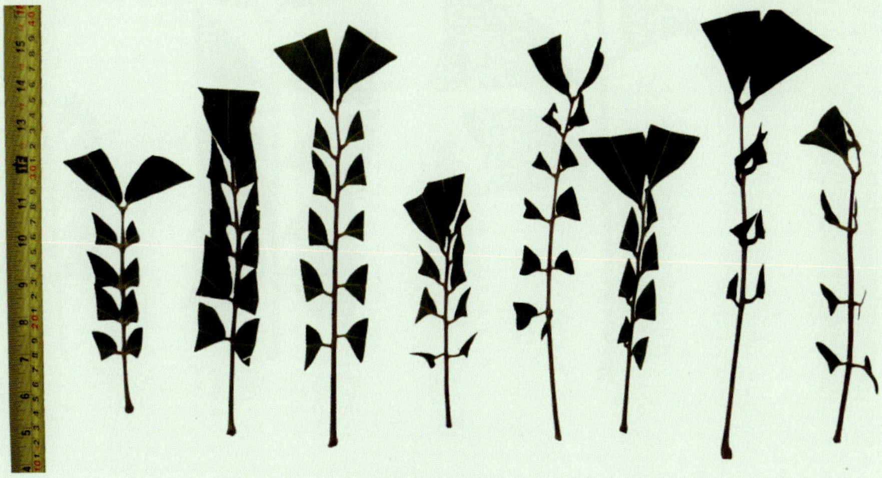

小叶着生姿态（三）

2.3.17 小叶间距

小叶间距（一）

小叶间距（二）

小叶间距（三）

2.3.18 叶柄

叶柄长短

小叶叶柄颜色： 褐色　　青灰色　　淡水红色　　青灰色　　玫瑰红　　黄橙色

叶柄颜色

2.3.19 复叶大小

复叶大小（一）

复叶大小（二）

复叶大小（三）

2.3.20 小叶排列

正面

背面

2.3.21 复叶主轴颜色

嫩梢复叶主轴颜色（正面）

嫩梢复叶主轴颜色（背面）

复叶主轴颜色（正面）

2 性状遗传多样性

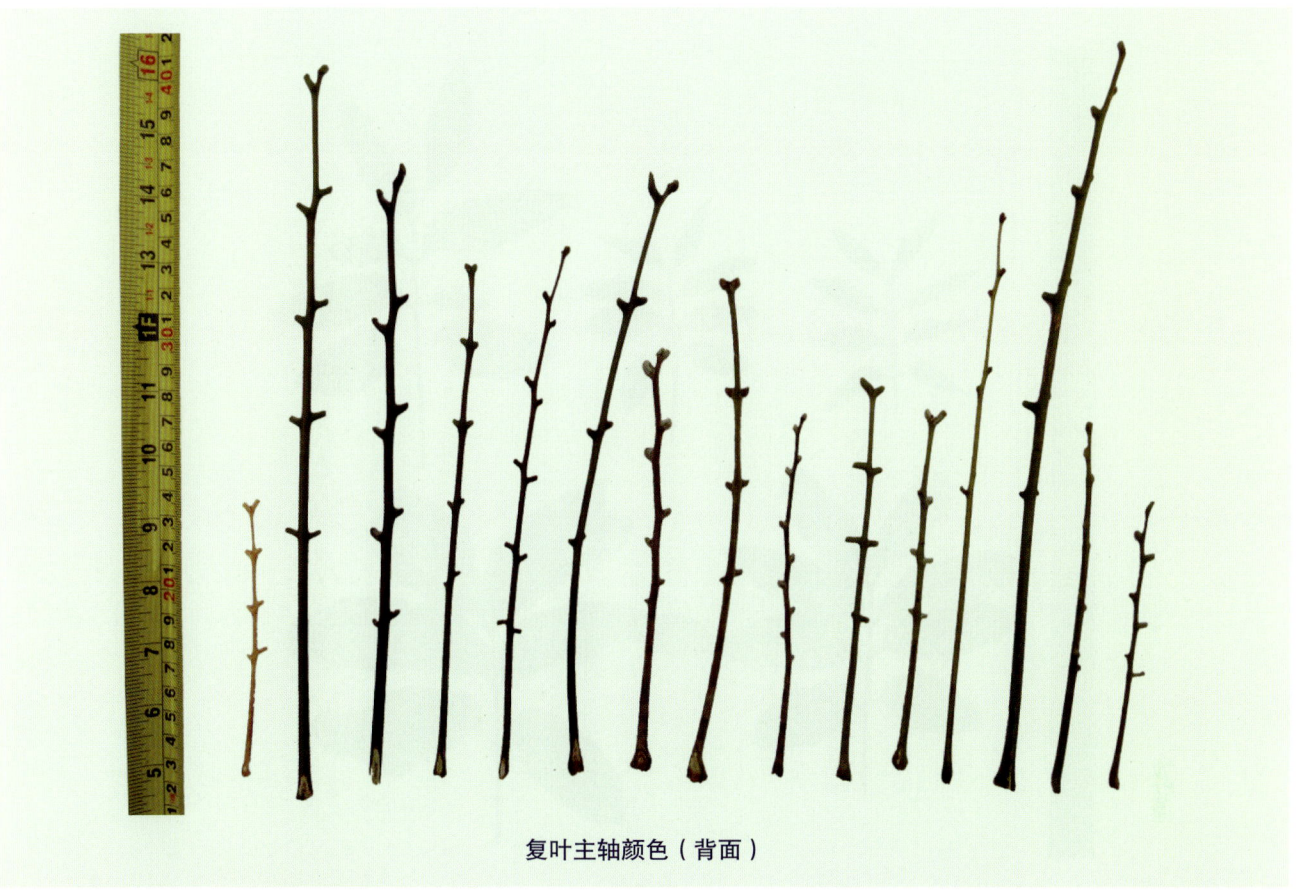

复叶主轴颜色（背面）

2.3.22 幼叶叶肉隆起程度

平展

稍隆起

隆起

2.4 花

2.4.1 冲梢情况

不冲梢

轻微冲梢

中等冲梢

冲梢较严重

冲梢严重

2.4.2 花序主轴颜色

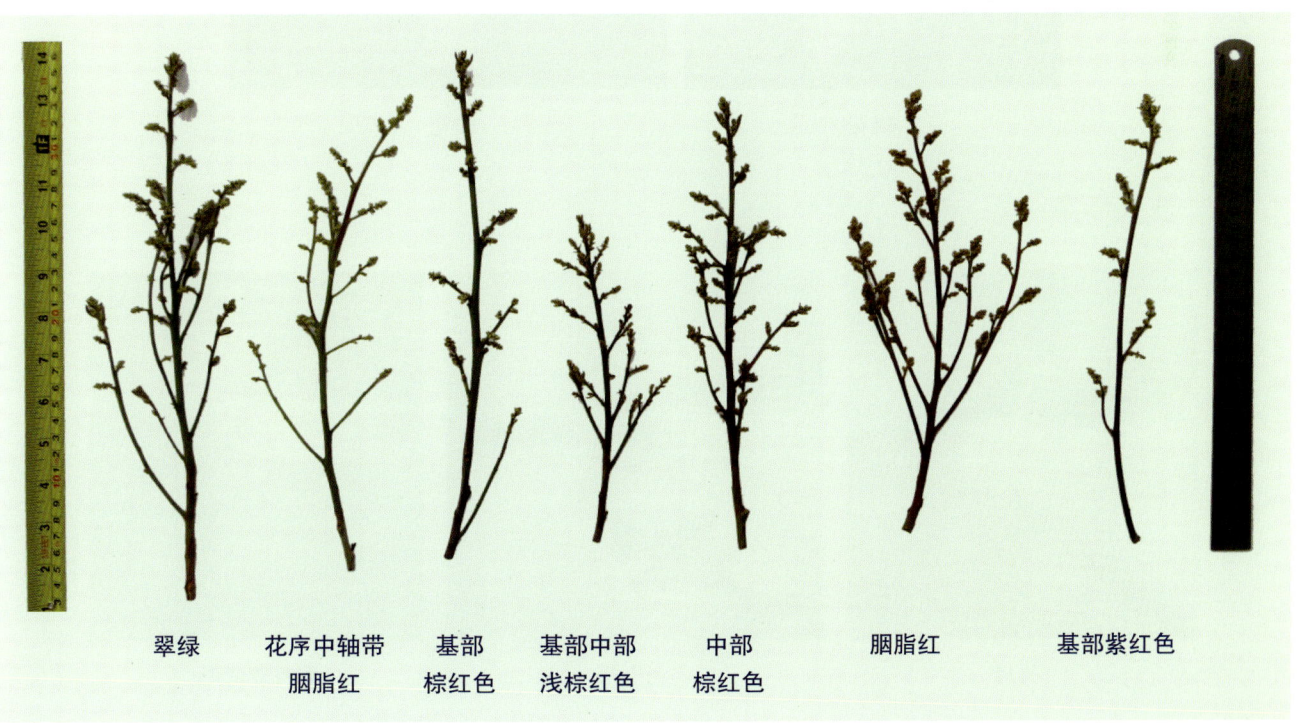

翠绿　　花序中轴带　　基部　　基部中部　　中部　　胭脂红　　基部紫红色
　　　　胭脂红　　　棕红色　　浅棕红色　　棕红色

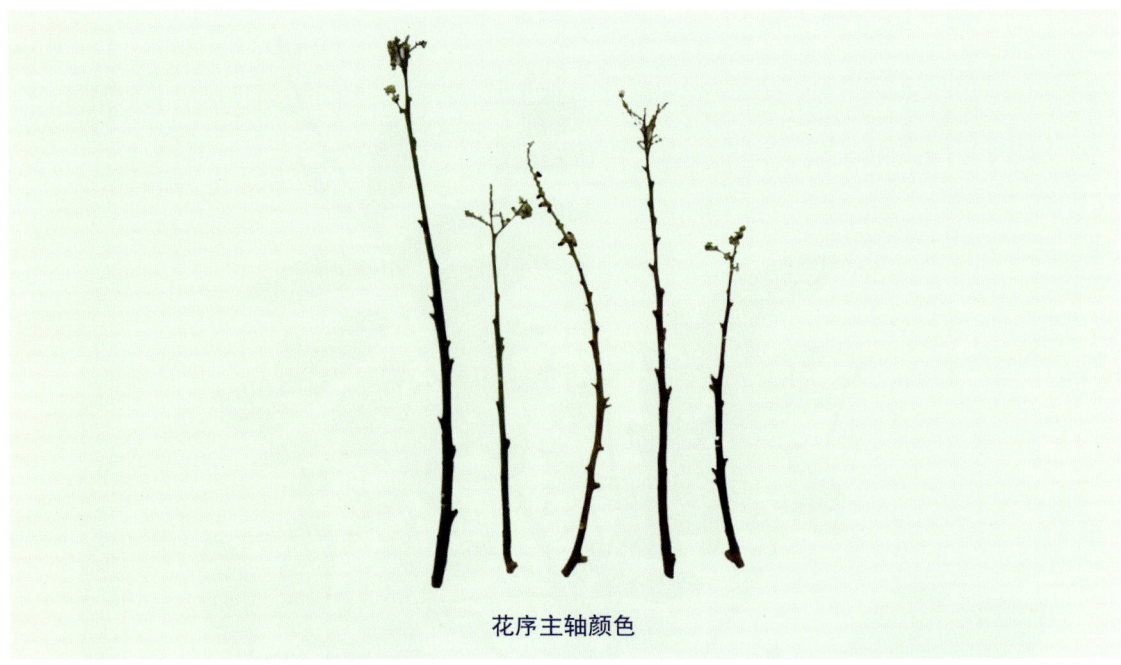

花序主轴颜色

2.4.3 花类型

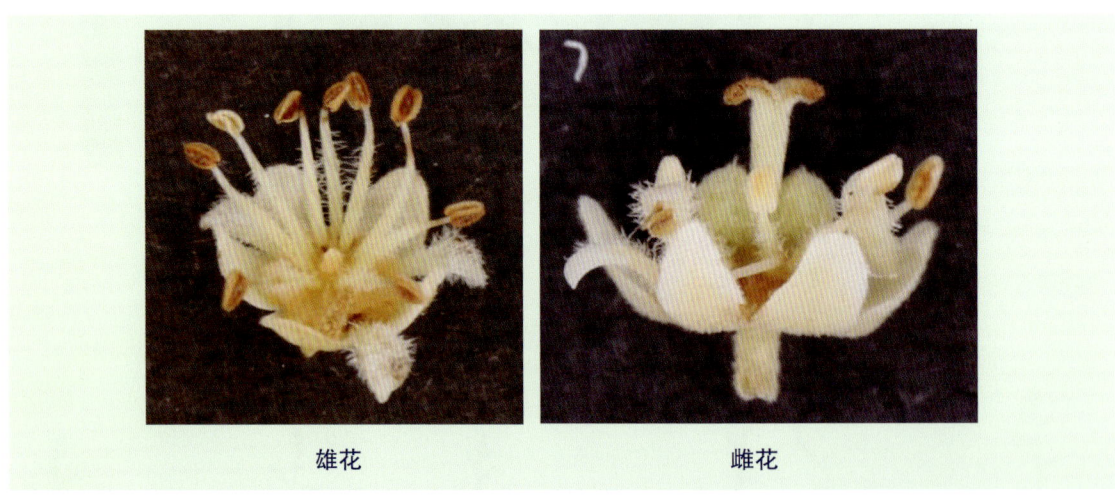

雄花　　　　　　　　　雌花

2.4.4 柱头形态

叉形　　　　　　　　"r"形　　　　　　　　眉月双弯形

2.4.5 柱头长短

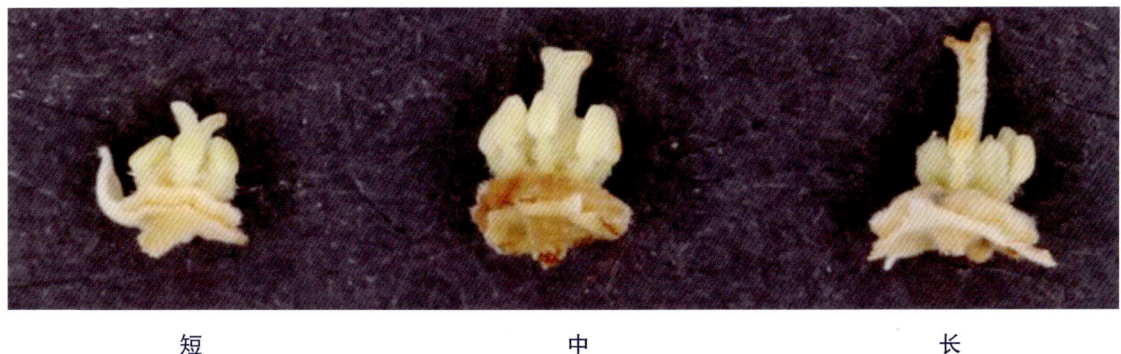

短　　　　　　　　　　中　　　　　　　　　　长

2.4.6 花朵颜色

花穗

2.4.7 花蕾颜色

绿色　　　黄绿色　　　黄色

2.5 果

2.5.1 果实排列紧密度

松散

中等

紧密

2.5.2 果穗形状

果穗形状（一）

果穗形状（二）

果穗形状（三）

果穗形状（四）

果穗形状（五）

果穗形状（六）

2 性状遗传多样性

果穗形状（七）

果穗形状（八）

果穗形状（九）

果穗形状（十）

果穗形状（十一）

2.5.3 坐果量多少

坐果少　　　　　　　　　坐果中等　　　　　　　　　坐果多

2.5.4 单果重

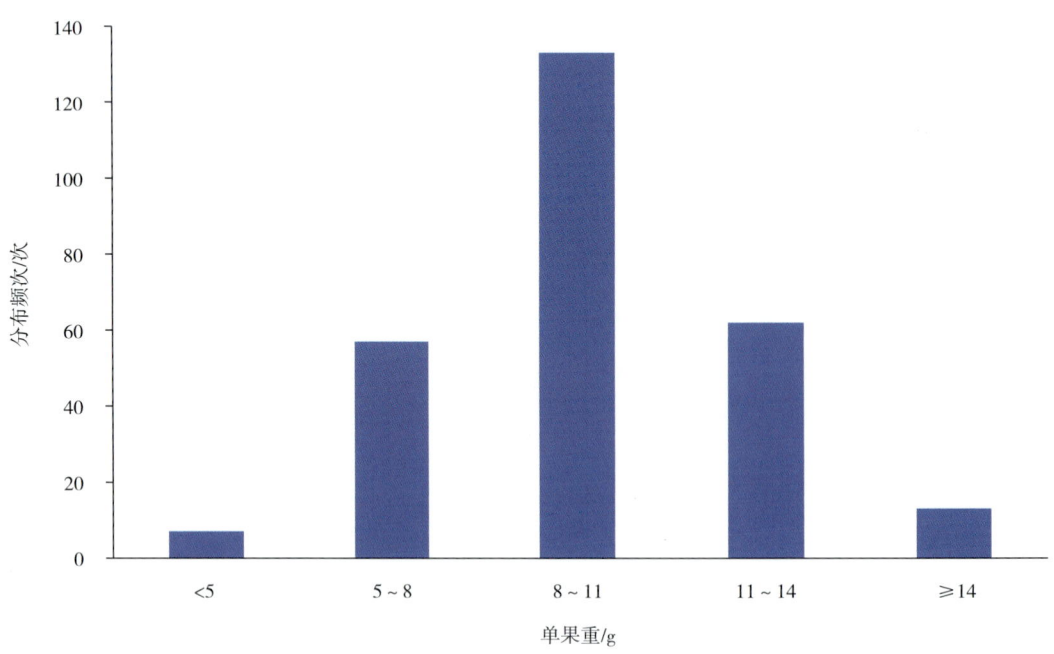

果实

2.5.5 果形

扁圆形　　近圆形　　侧扁圆形　　椭圆形　　心脏形

2.5.6 果基绿色疣点多少

少　　　　　　　中　　　　　　　多

2.5.7 果肩

平广　　　　　单肩微耸　　　　双肩耸起　　　　下斜

2.5.8 果顶

钝圆　　　　　　浑圆　　　　　　尖圆

2.5.9 龟裂纹

不明显　　　　　　中等　　　　　　明显

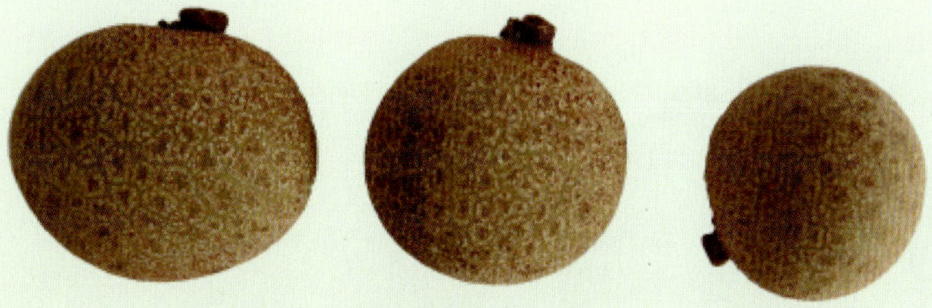

明显（四季龙眼）

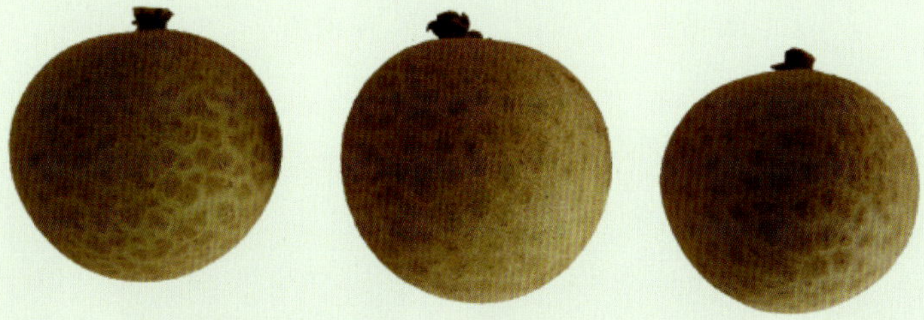

中等

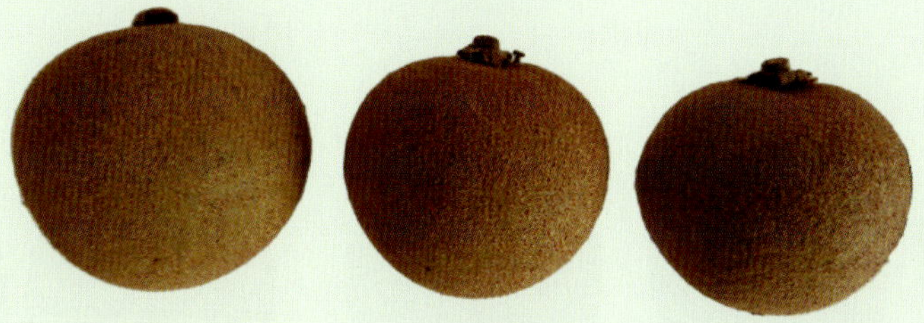

不明显

2.5.10 疣状突起

不明显　　较明显　　明显

2.5.11 放射纹

不明显　　较明显　　明显　　放射纹明显

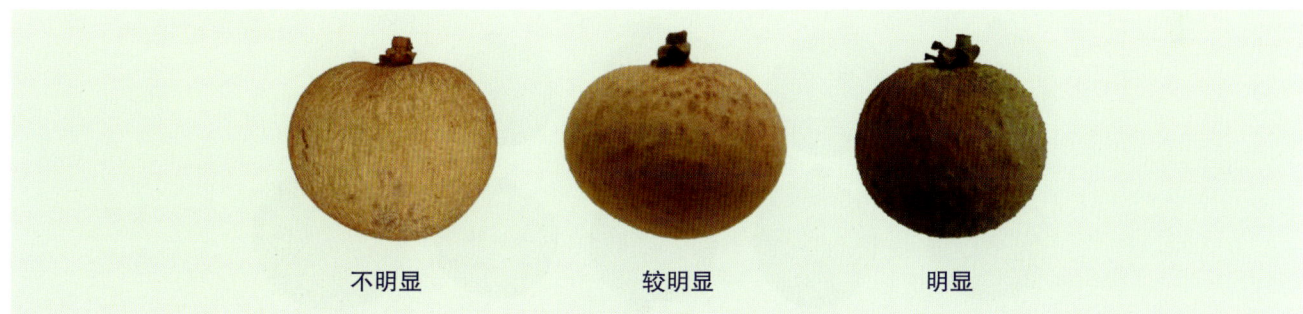

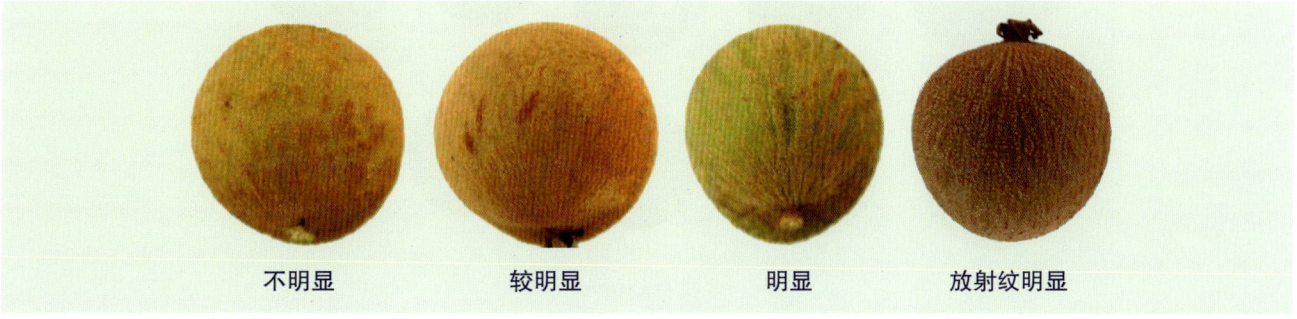

2.5.12 果皮颜色

| 黄白色 | 青褐色 | 灰褐色 | 黄褐色 |

| 棕褐色 | 赤褐色 | 黑褐色 | 红色 |

青褐色

果皮颜色

2.5.13 果皮光滑度

2.5.14 果肉颜色

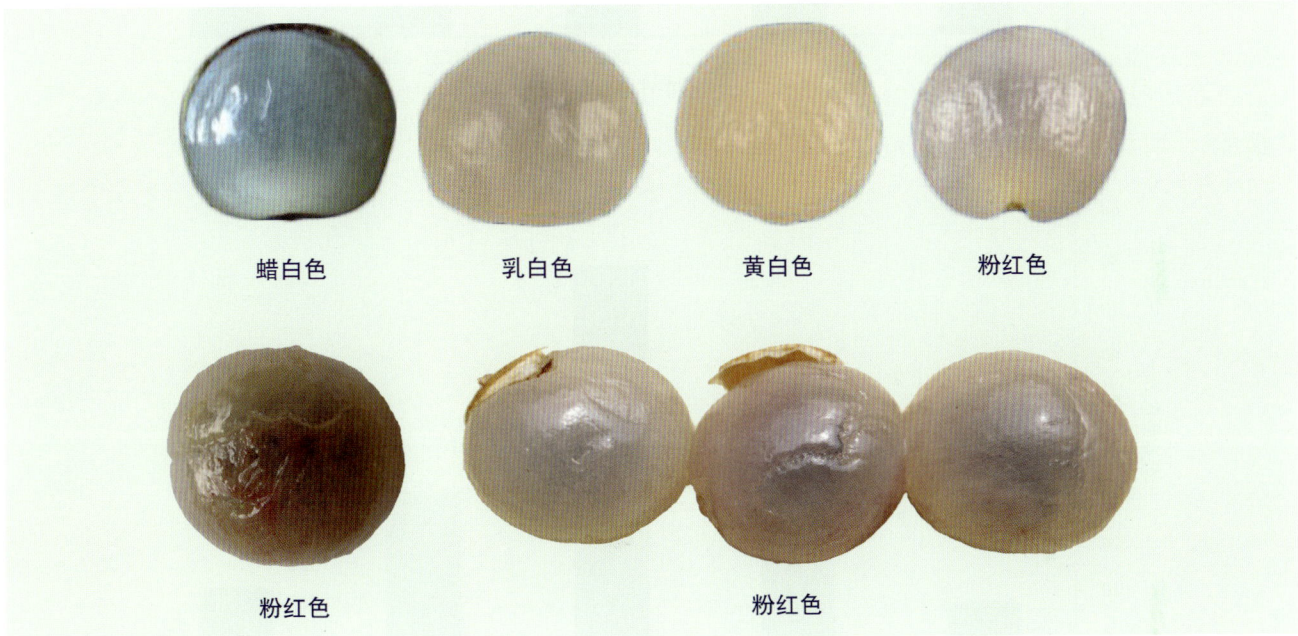

2.5.15 可食率

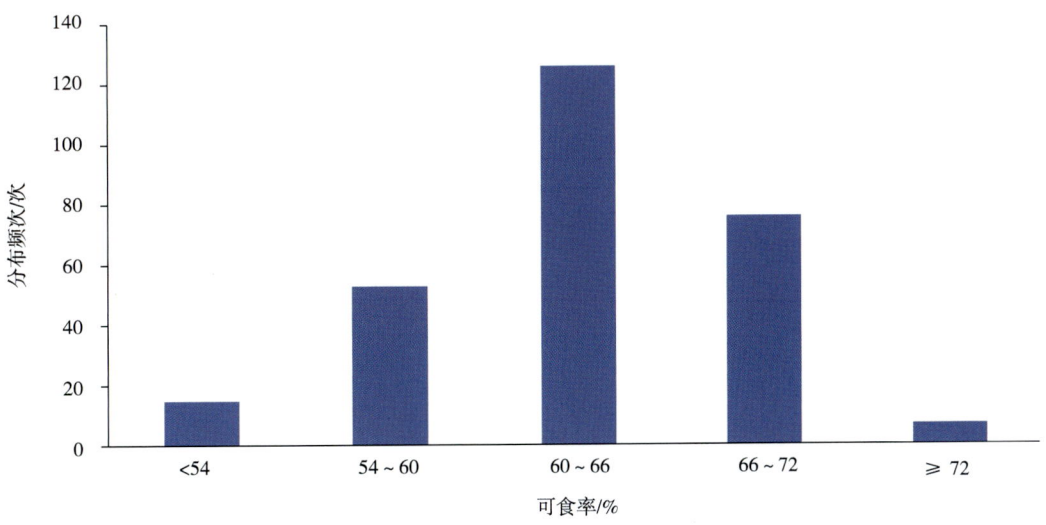

2.5.16 可溶性固形物含量

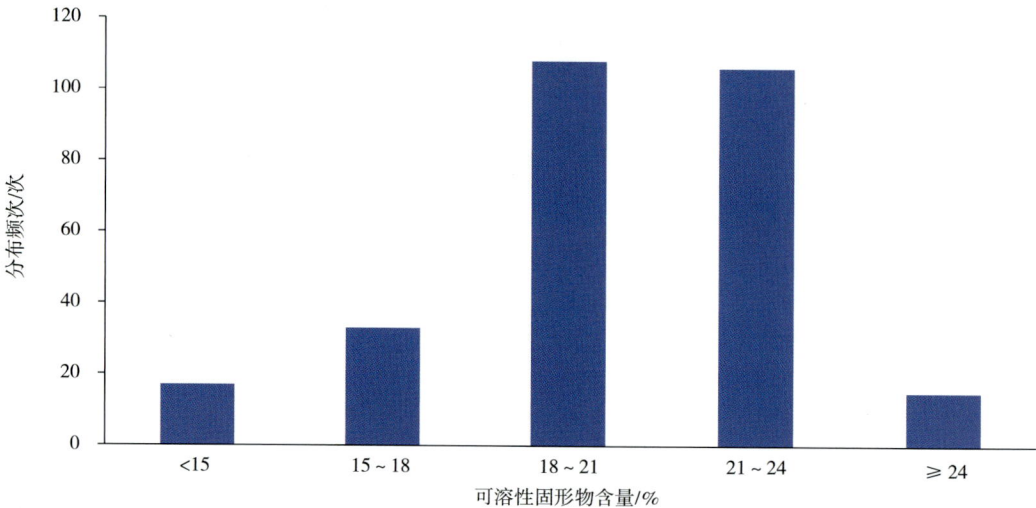

2.5.17 可溶性糖含量

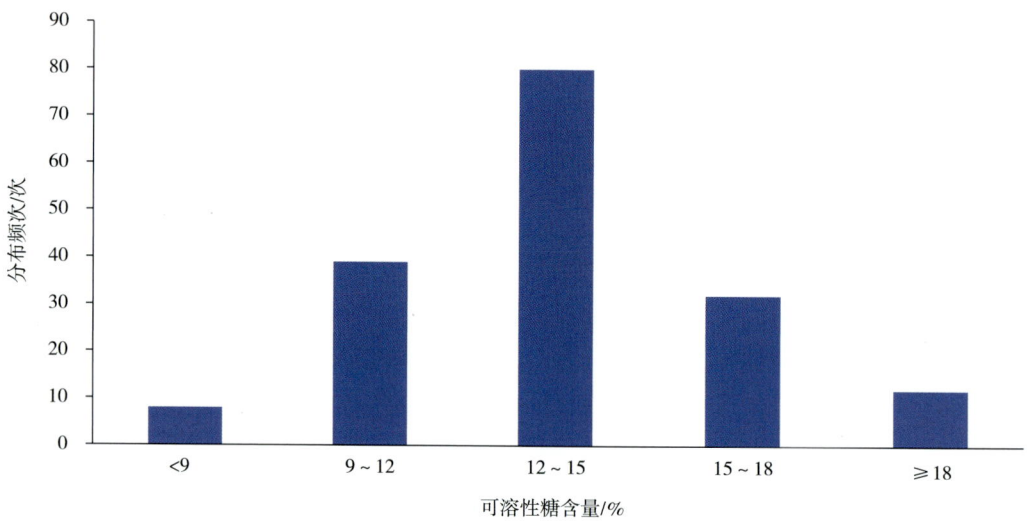

2.5.18 可滴定酸含量

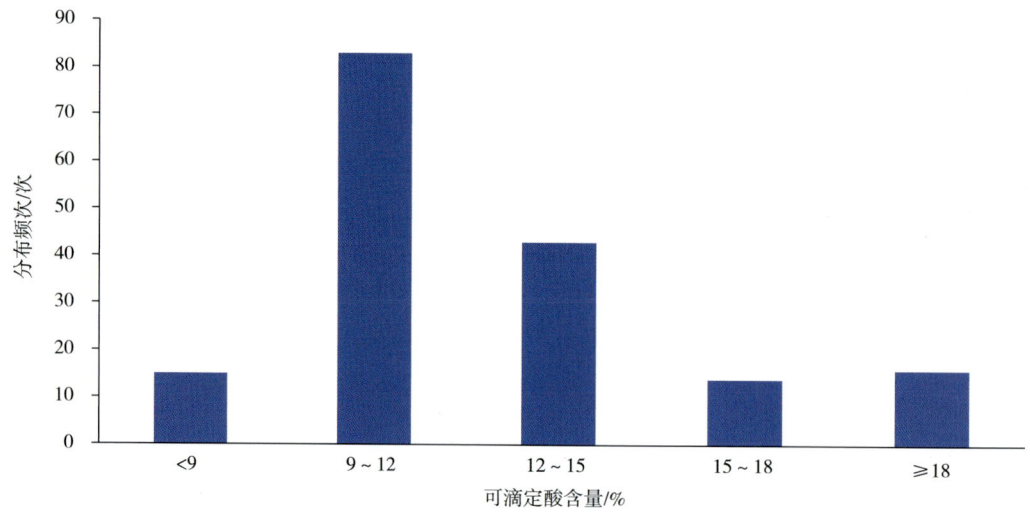

2.5.19 维生素C含量

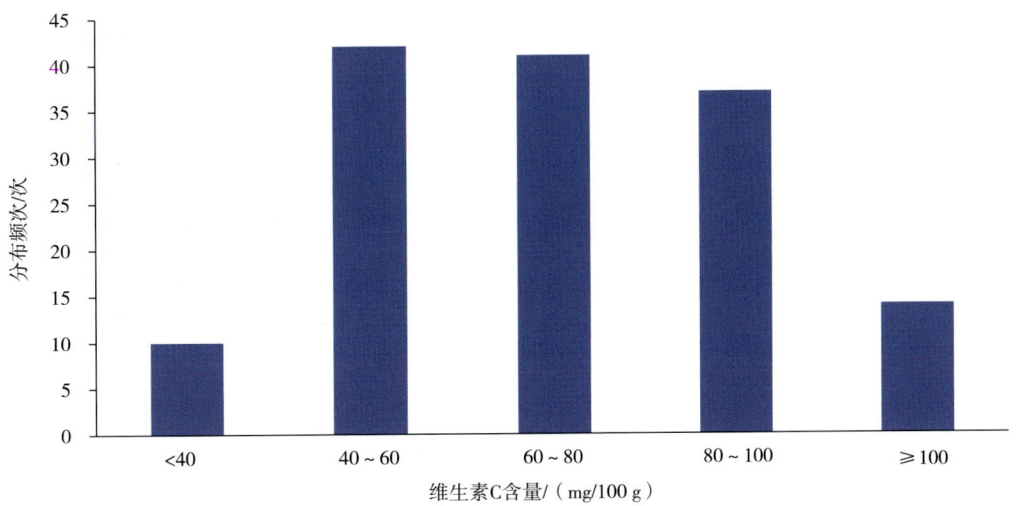

2.6 种子

2.6.1 种子形状

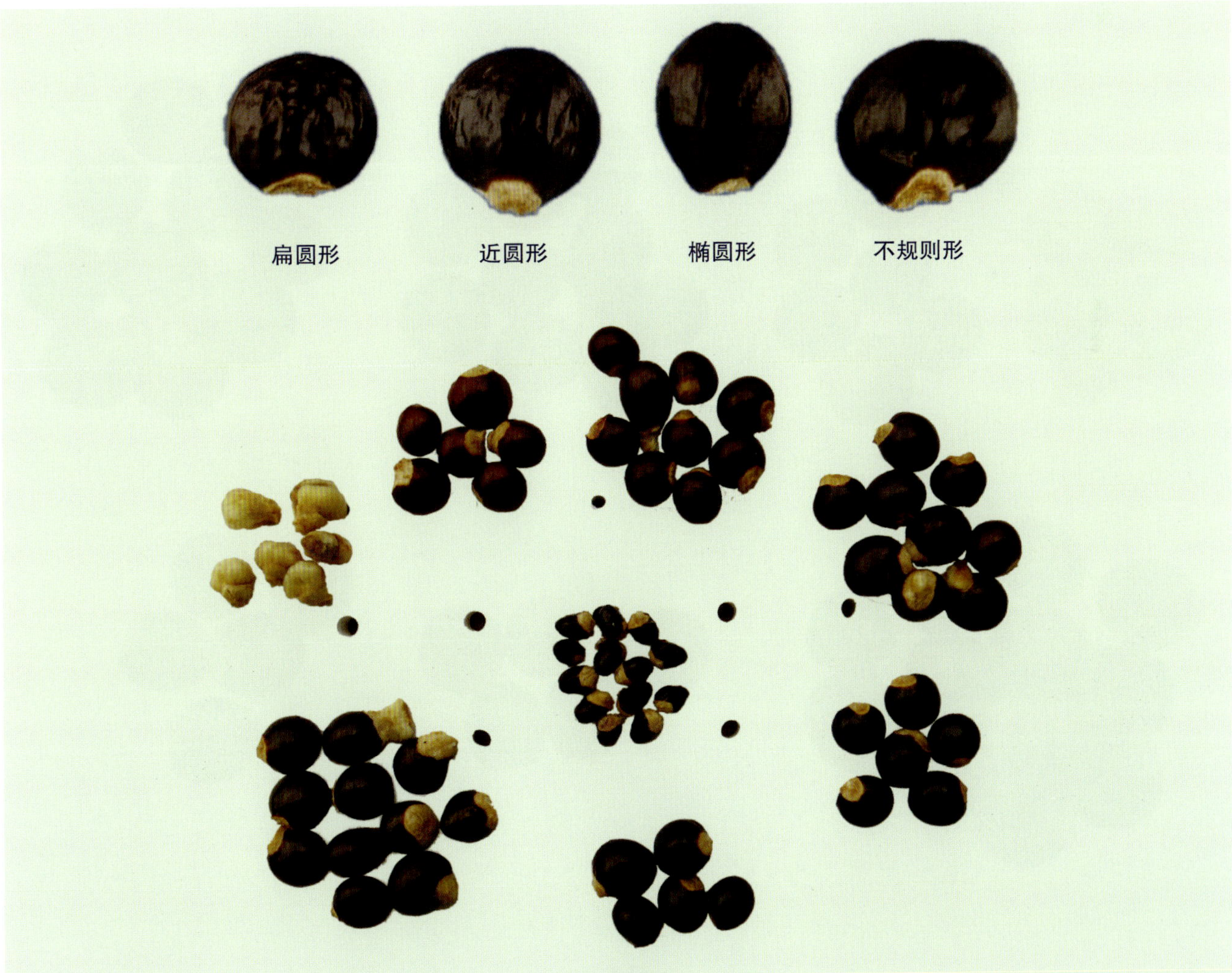

扁圆形　　近圆形　　椭圆形　　不规则形

种子形状

2.6.2 种顶面观

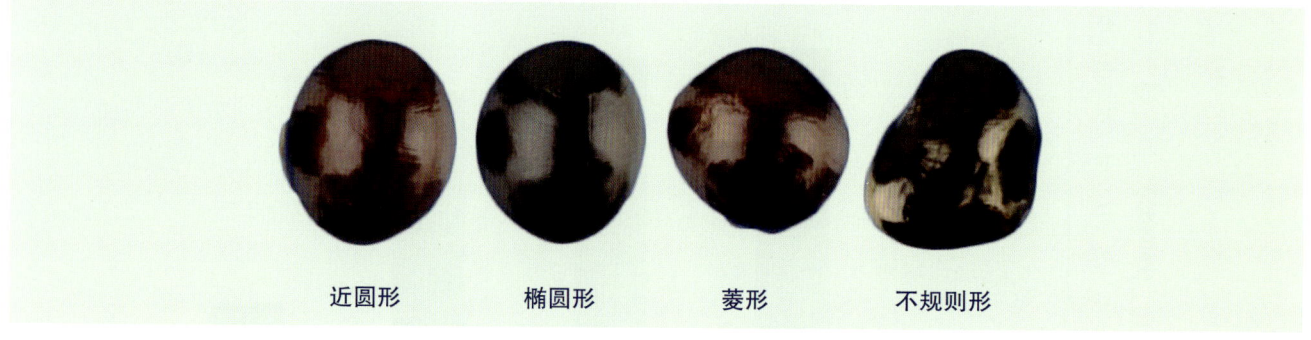

近圆形　　　椭圆形　　　菱形　　　不规则形

2.6.3 种皮颜色

白色　　　　红褐色　　　　赤褐色　　　　紫黑色

种皮颜色（一）

种皮颜色（二）

2.6.4 种皮光滑度

皱　　　　　　　　较光滑　　　　　　　　光滑

2.6.5 种脐大小

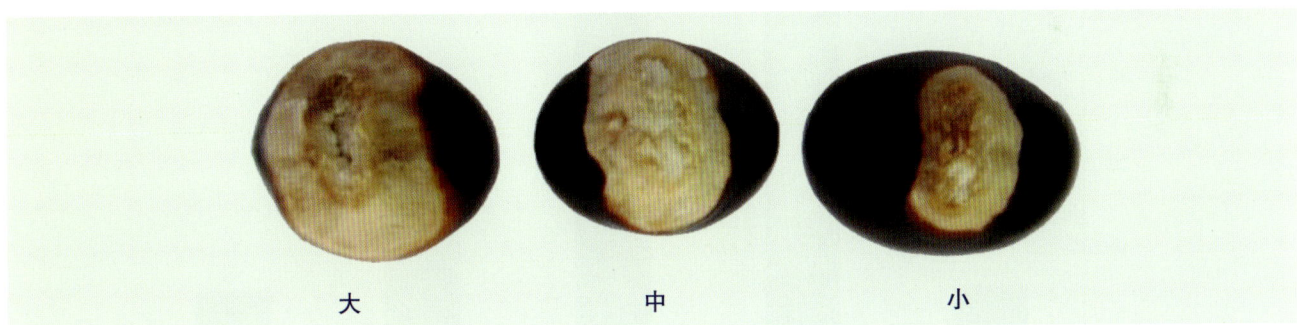

大　　　　　　　中　　　　　　　小

2.6.6 种脐形状

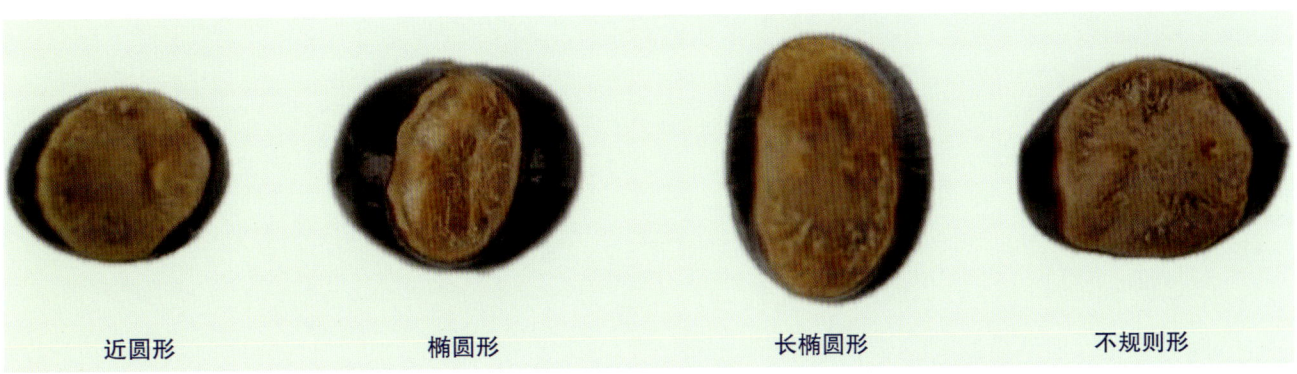

近圆形　　　　　椭圆形　　　　　长椭圆形　　　　不规则形

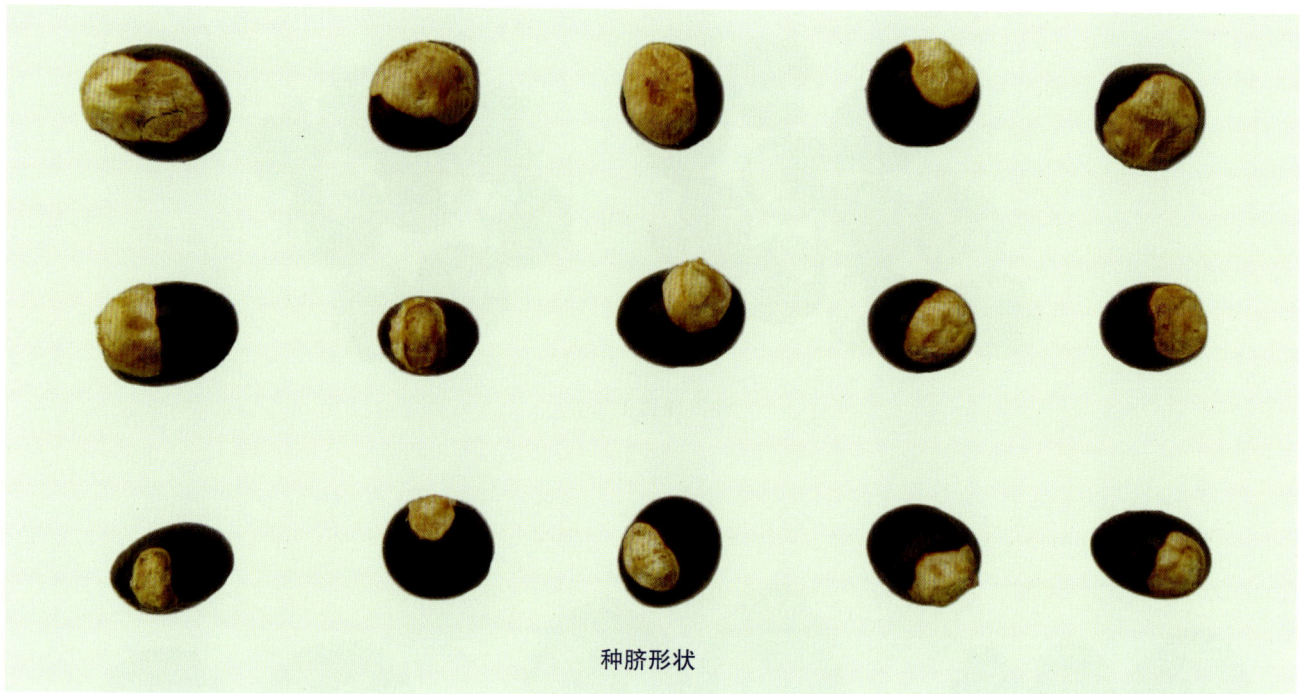

种脐形状

2.6.7 种子重

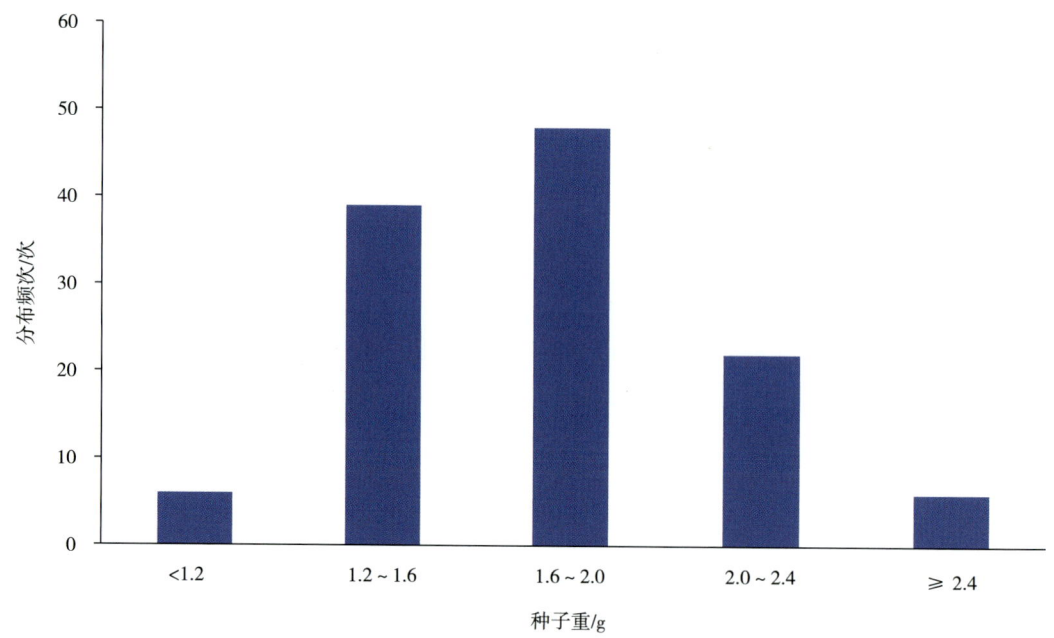

3 生态多样性

3.1 地理分布多样性

龙眼（*Dimocarpus longan* Lour.）是中国南方特色果树，原产于中国南部的云南、广西、海南和越南北部。

中国早在2 000多年前就开始种植龙眼，是栽培历史最悠久的国家。泰国龙眼是从中国引进，1896年，龙眼传入清迈、曼谷，以后逐步繁殖扩大。19世纪后期，龙眼才传播到欧洲、美洲、非洲、大洋洲的部分亚热带、热带地区。我国龙眼栽培面积最大、产量最高。

世界龙眼主要集中在中国和东南亚国家，中国、泰国、越南三国的龙眼产量占世界总产量的90%以上。

我国龙眼主要分布在广东、广西、福建、四川、云南、海南、重庆、贵州等产区。

广东：分布在高州、化州、增城、中山、南海、新会、番禺、顺德、惠阳、博罗、宝安、潮安、潮阳、饶平等地。

广西：分布在平南、北流、玉林、大新、合浦、桂平、岑溪、博白、陆川、贵县、藤县、容县等地。

福建：分布在漳浦、龙海、诏安、长泰、云霄、南安、惠安、晋江、同安、莆田、仙游、福清、长乐、闽侯、蕉城、福安等地。

四川：分布在泸县、江阳、龙马潭、叙永、宜宾等地。

云南：分布在保山、玉溪、永胜、永德、元谋、永仁、思茅、屏边等地。

海南：分布在乐东、白沙、东方、保亭、陵水、五指山、海口等地。

重庆：分布在涪陵、万州、江津等地。

贵州：分布在赤水、习水、仁怀、兴义、册亨、望谟、罗甸等地。

3.2 生态多样性

云南省农业科学院热带亚热带经济作物研究所龙眼园

云南怒江边的龙眼树（一）

云南怒江边的龙眼树（二）

云南怒江边的龙眼树（三）

云南勐腊镇龙眼树（一）

云南勐腊镇龙眼树（二）

云南回故龙眼树（一）

3 生态多样性

云南回故龙眼树（二）

云南永德龙眼树（一）

云南永德龙眼树（二）

云南永德龙眼树（三）

云南永德龙眼树（四）

云南永胜龙眼树

广西大新龙眼树（一）

3 生态多样性

广西大新龙眼树（二）

广西大新龙眼树（三）

广西大新龙眼生产园

广西钦州高楼围困的龙眼树

广西钦州刘永福故居内的龙眼古树

广西灵山六峰山背后的龙眼树

广西灵山机关大院内的龙眼树

广西防城港街道边的龙眼树

3 生态多样性

广西防城港龙眼树

广西防城港杂木围困的龙眼树

· 85 ·

广西北海四川路龙眼行道树

广西北海中山公园内的龙眼树

广西北海北部湾城市广场上的龙眼树

福建莆田仙游血丝龙眼母树

福建泉州九日山主干纵横交错的龙眼树

福建泉州龙眼古树（450年树龄，二级保护）（一）

福建泉州龙眼古树（450年树龄，二级保护）（二）

福建长乐龙眼树（一）

福建长乐龙眼树（二）

福建长乐龙眼树（三）

福建福清林波果场

3 生态多样性

福建福安山地龙眼园

福建福州龙眼树（一）

福建福州龙眼树（二）

3 生态多样性

福建福州龙眼树（三）

福建诏安房前屋后的龙眼树

福建诏安裸露的龙眼树根

福建诏安龙眼树

福建诏安角落里的龙眼老树

福建诏安鸡蛋龙眼树头

福建云霄水池边的龙眼树

福建云霄龙眼树

四川泸州龙眼丰产树

四川泸州龙眼王

四川泸州龙眼树（一）

四川泸州龙眼树（二）

四川泸县树上挂满红绸带的龙眼树

3 生态多样性

四川泸县龙眼林

四川汉源房前屋后的龙眼树

贵州赤水河沿岸万亩龙眼基地

贵州习水农家小院前的龙眼树

4 种质资源多样性

4.1 二造龙眼

引进的特异种质。一年有两次的正常开花、结果，果皮青褐色，果小肉薄。

1 cm

二造龙眼

4.2 施冲蒲

引进的优异种质。晚熟,果小,肉质脆,味甜,香气怡人。

施冲蒲

1 cm

4.3 四季龙眼

引进的特异种质。一年多次开花坐果,果小,肉质脆,味甜,有冰糖味。

四季龙眼

四季龙眼

4.4 白核龙眼

福建莆田地方特有种质。优质，果肉不易离核，种皮较软、白色，味甜，丰产。

白核龙眼

4.5 九月乌

福建莆田地方品种。晚熟，果大，肉质脆，味甜。

九月乌

4.6 凤梨穗

福建同安地方龙眼良种。中熟，果大，味甜，丰产稳产。

凤梨穗

4.7 大鼻龙

福建福清地方品种。中熟,果大,核较大,味甜,丰产。

大鼻龙

4.8 东壁

福建泉州地方良种。中早熟,肉质脆,味浓甜爽口,品质优,大小年结果明显,易感鬼帚病。

东壁

4.9 福眼

福建泉州地方品种。中熟，果大，皮薄肉厚，味淡甜，丰产稳产。

福眼

4.10 石硖

广东佛山地方良种。早熟，果小，核小，肉质脆，浓甜，丰产稳产。

1 cm

石硖

4.11 草铺种

广东潮州地方品种。中晚熟,肉质嫩脆,味甜,丰产。

草铺种

4.12 大乌圆

广西容县地方品种。中熟,果特大,肉质脆,味淡甜,大小年结果较明显。

大乌圆

4.13 漳浦无核

从福建漳浦发现的无核种质。果实肾形，果小，肉质爽脆，味淡甜。

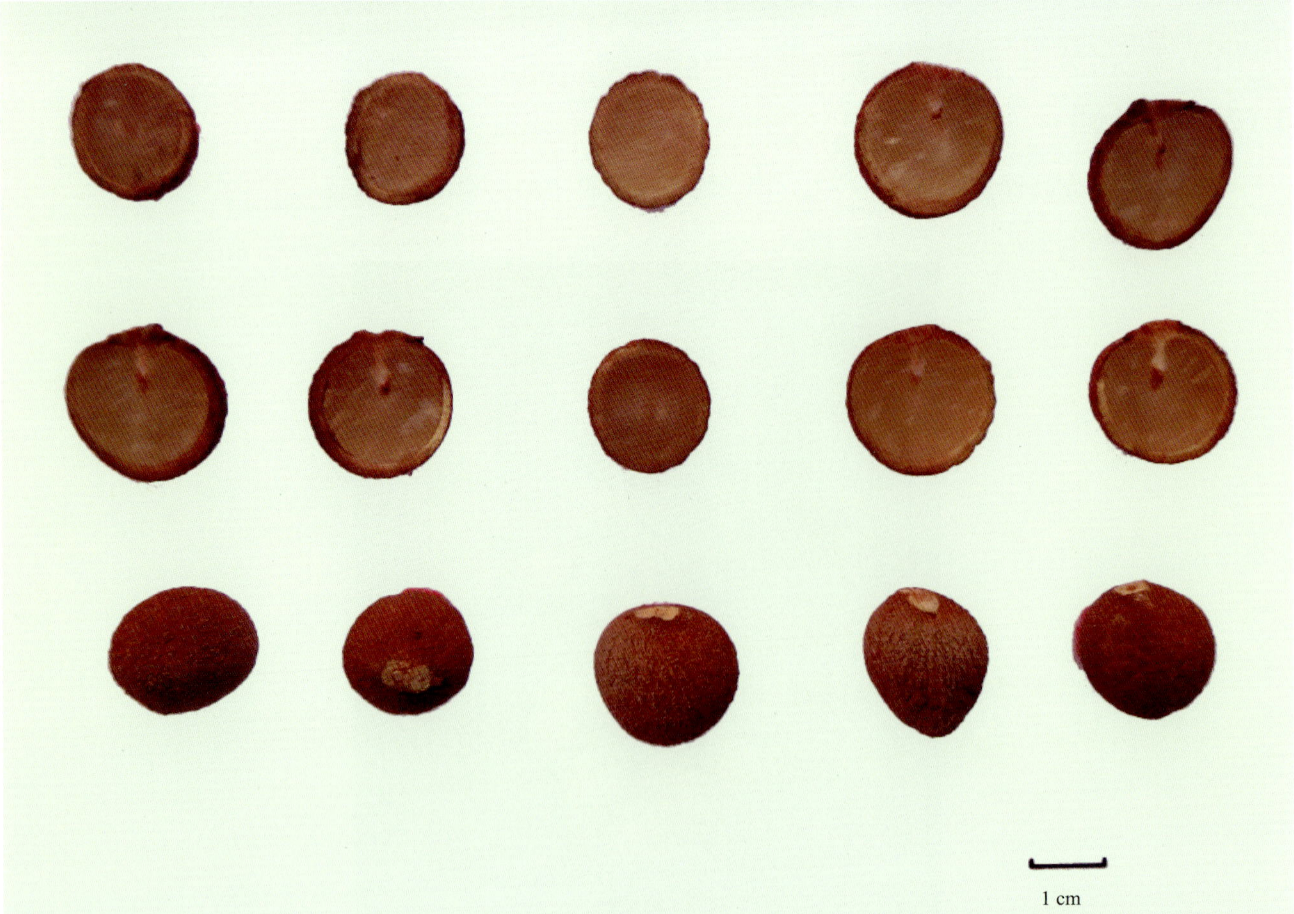

漳浦无核

4.14 下河血丝龙眼

果肉带有血丝的种质。晚熟，肉质细嫩稍脆，味甜。

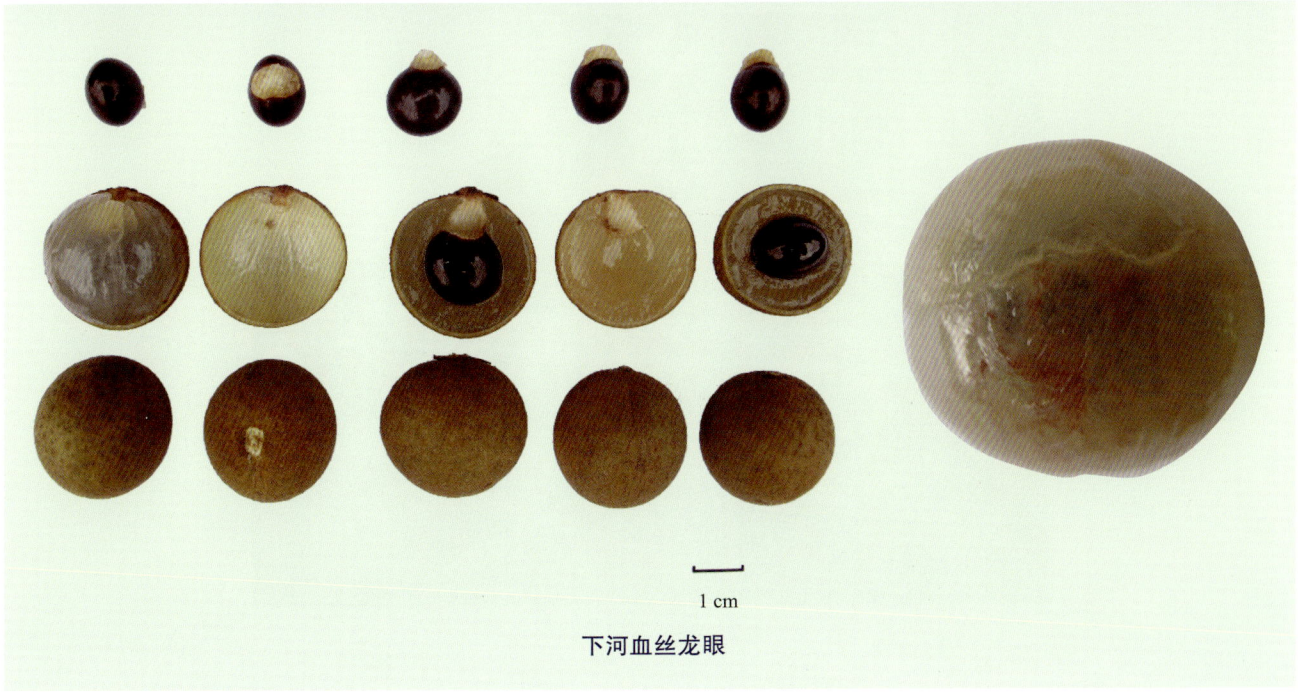

下河血丝龙眼

4.15 荔枝龙眼

果实椭圆形，种子像荔枝的种质。果皮黄褐色带青、较粗糙，肉质软韧，味甜。

荔枝龙眼

4 种质资源多样性

5 cm

1 cm　　　　　　　　　　　　　　　　　1 cm

荔枝龙眼

4.16 骨龙眼

典型的热带型龙眼种质。果皮粉红色，果小。

骨龙眼

4.17 裂叶龙眼

叶片具有很深裂纹的种质。果实近圆形，肉薄、可食率低，味甜。

1 cm

裂叶龙眼

4.18 诱蜜龙眼1号

四季龙眼种子EMS诱导而成的种质。花萼和花瓣均为绿色。

诱蜜龙眼1号

诱蜜龙眼1号

4.19　水南1号

福建莆田市农业科学研究所选育。中熟，果大，味淡甜，丰产。

水南1号

4.20　宝石1号

福建省农业科学院果树研究所杂交育成。早熟，优质，大果，早结丰产，易栽培，适应性广。

宝石1号

4.21　翠香

福建省农业科学院果树研究所杂交选育。中早熟，果大，肉质脆，香气浓郁。

翠香

4.22 秋香

福建省农业科学院果树研究所杂交育成。晚熟，果大，肉质脆，早结丰产，有香气。

秋香

4.23 青壳宝圆

福建省农业科学院果树研究所选育。晚熟，果大，肉质脆，味甜。

青壳宝圆

4.24 冬宝9号

福建省农业科学院果树研究所杂交选育的世界第一个杂交龙眼品种。晚熟，果大，肉厚，肉质脆，味甜。

冬宝9号

4.25 福圆

福建省农业科学院果树研究所杂交选育。晚熟,易成花,高坐果率,早结丰产,稳产,适应性广。

福圆

4.26 立冬本

福建省农业科学院果树研究所选育。晚熟，果大，果肉流汁、味浓甜，留树保鲜期长，丰产。

立冬本

4.27 醇香

福建省农业科学院果树研究所杂交选育。晚熟，留树保鲜期长，丰产稳产，香气怡人。

醇香

4.28 冬香

福建省农业科学院果树研究所杂交育成。特晚熟，肉质脆，味甜，香气浓郁。

冬香

4.29 玖龙

福建省农业科学院果树研究所杂交育成。晚熟，味甜，留树保鲜期长达90天以上，早结丰产，有香气。

玖龙

4.30 储良

广东省茂名市水果科学研究所选育。中熟,果大,肉质脆,味甜。

储良

4.31 苗翘

泰国龙眼品种。晚熟,果实心脏形,果皮青褐色,肉质脆,味甜,有香气。

苗翘

参考文献

邱武陵，章恢志，1996. 中国果树志·龙眼 枇杷卷[M]. 北京：中国林业出版社.

郑少泉，等，2006. 龙眼种质资源描述规范和数据标准[M]. 北京：中国农业出版社.

《中国果树种质资源多样性》丛书分册目录

《中国果树种质资源多样性——苹果》　　《中国果树种质资源多样性——梨》

《中国果树种质资源多样性——桃》　　《中国果树种质资源多样性——山楂》

《中国果树种质资源多样性——杏》　　《中国果树种质资源多样性——李》

《中国果树种质资源多样性——樱桃》　　《中国果树种质资源多样性——扁桃》

《中国果树种质资源多样性——葡萄》　　《中国果树种质资源多样性——猕猴桃》

《中国果树种质资源多样性——草莓》　　《中国果树种质资源多样性——石榴》

《中国果树种质资源多样性——穗醋栗与醋栗、树莓与黑莓、越橘》

《中国果树种质资源多样性——柿》　　《中国果树种质资源多样性——核桃》

《中国果树种质资源多样性——板栗》　　《中国果树种质资源多样性——枣》

《中国果树种质资源多样性——柑橘》　　《中国果树种质资源多样性——枇杷》

《中国果树种质资源多样性——杨梅》　　《中国果树种质资源多样性——梅》

《中国果树种质资源多样性——香蕉》　　《中国果树种质资源多样性——荔枝》

《中国果树种质资源多样性——龙眼》